CADERNO DE ATIVIDADES

2

Organizadora: Editora Moderna

Obra coletiva concebida, desenvolvida e produzida pela Editora Moderna.

Editor Executivo:
Cesar Brumini Dellore

NOME: ....

....TURMA: ....

ESCOLA: ....

....

1ª edição

© Editora Moderna, 2019

Elaboração de originais:

Andrea de Marco Leite de Barros
Bacharel em Geografia pela Universidade de São Paulo.
Mestre em Ciências, área de Geografia Humana,
pela Universidade de São Paulo. Editora.

Fernanda Pereira Righi
Bacharel em Geografia pela Universidade Federal de Santa Maria.
Mestre em Ciências, área de Geografia Humana,
pela Universidade de São Paulo. Editora.

Coordenação editorial: César Brumini Dellore
Edição de texto: Ofício do Texto Projetos Editoriais
Assistência editorial: Ofício do Texto Projetos Editoriais
Gerência de *design* e produção gráfica: Everson de Paula
Coordenação de produção: Patricia Costa
Suporte administrativo editorial: Maria de Lourdes Rodrigues
Coordenação de *design* e projetos visuais: Marta Cerqueira Leite
Projeto gráfico: Adriano Moreno Barbosa, Daniel Messias, Mariza de Souza Porto
Capa: Bruno Tonel
   Ilustração: Raul Aguiar
Coordenação de arte: Wilson Gazzoni Agostinho
Edição de arte: Teclas Editorial
Editoração eletrônica: Teclas Editorial
Coordenação de revisão: Elaine Cristina del Nero
Revisão: Ofício do Texto Projetos Editoriais
Coordenação de pesquisa iconográfica: Luciano Baneza Gabarron
Pesquisa iconográfica: Ofício do Texto Projetos Editoriais
Coordenação de *bureau*: Rubens M. Rodrigues
Tratamento de imagens: Fernando Bertolo, Joel Aparecido, Luiz Carlos Costa, Marina M. Buzzinaro
Pré-impressão: Alexandre Petreca, Everton L. de Oliveira, Marcio H. Kamoto, Vitória Sousa
Coordenação de produção industrial: Wendell Monteiro
Impressão e acabamento: Serzegraf Ind. Edit. Gráfica Ltda
Lote: 284117

Dados Internacionais de Catalogação na Publicação (CIP)
(Câmara Brasileira do Livro, SP, Brasil)

Buriti plus geografia : caderno de atividades / organizadora Editora Moderna ; obra coletiva concebida, desenvolvida e produzida pela Editora Moderna ; editor executivo Cesar Brumini Dellore. – 1. ed. – São Paulo : Moderna, 2019. – (Projeto Buriti)

Obra em 4 v. para alunos do 2º ao 5º ano.

1. Geografia (Ensino fundamental) I. Dellore, Cesar Brumini. II. Série.

19-23376   CDD-372.891

Índices para catálogo sistemático:
1. Geografia : Ensino fundamental 372.891

Maria Alice Ferreira — Bibliotecária — CRB-8/7964

ISBN 978-85-16-11747-4 (LA)
ISBN 978-85-16-11748-1 (LP)

Reprodução proibida. Art. 184 do Código Penal e Lei 9.610 de 19 de fevereiro de 1998.
Todos os direitos reservados
EDITORA MODERNA LTDA.
Rua Padre Adelino, 758 – Belenzinho
São Paulo – SP – Brasil – CEP 03303-904
Vendas e Atendimento: Tel. (0_ _11) 2602-5510
Fax (0_ _11) 2790-1501
www.moderna.com.br
2019
Impresso no Brasil

1 3 5 7 9 10 8 6 4 2

Apresentação

Fizemos este *Caderno de Atividades* para que você tenha a oportunidade de reforçar ainda mais seus conhecimentos em Geografia.

No início de cada unidade, na seção **Lembretes**, há um resumo do conteúdo explorado nas atividades, que aparecem em seguida.

As atividades são variadas e distribuídas em quatro unidades, planejadas para auxiliá-lo a aprofundar o aprendizado.

Bom trabalho!

Os editores

ILUSTRAÇÕES: CLAUDIA SOUZA

Sumário

Unidade 1 • Bairro: o seu lugar 5
Lembretes 5
Atividades 7

Unidade 2 • O dia a dia no lugar onde você vive 17
Lembretes 17
Atividades 19

Unidade 3 • Você se comunica 27
Lembretes 27
Atividades 29

Unidade 4 • Em cada lugar, um modo de viver 38
Lembretes 38
Atividades 41

Na foto, desmatamento de vegetação da floresta amazônica, em Canarana, Mato Grosso, em 2018.

FABIO COLOMBINI

UNIDADE 1 — Bairro: o seu lugar

Lembretes

O bairro onde você mora

- Os **bairros** podem ser muito diferentes entre si.
  - → Há bairros onde existem muitas ruas e casas, outros onde existem mais prédios, outros com casas e plantações etc.
- Os bairros estão sempre sendo modificados pelas pessoas.
  - → As construções podem ser substituídas por outras.
  - → Árvores podem ser retiradas.
  - → Ruas podem ser alargadas; e muitas outras mudanças podem acontecer nos bairros.
- Alguns elementos de um bairro podem permanecer na paisagem.

Vista de um bairro rural no vale do Jiquiriçá, no município de Ubaíra, estado da Bahia, em 2016.

Vista do bairro Boa Viagem, no município do Recife, estado de Pernambuco, em 2016.

Bairro: lugar de convívio

- O bairro é um lugar de convívio entre as pessoas.
- Como os bairros são muito diferentes entre si, as atividades realizadas neles podem variar muito.
  - → Há pessoas que moram e estudam no mesmo bairro e pessoas que moram em um bairro e estudam em outro.
  - → Há pessoas que trabalham no mesmo bairro onde moram.
  - → Nos bairros onde há comércio, as pessoas podem comprar os produtos de que necessitam.
- O **endereço** permite a localização de casas, escolas, lojas, fábricas e outros locais.
  - → O endereço é composto do nome da rua, do número da edificação, dos nomes da cidade, da unidade federativa e do país e do **Código de Endereçamento Postal (CEP).**
- Toda correspondência enviada pelo correio deve conter o endereço do **destinatário** e o do **remetente**.
  - → O destinatário é a pessoa que recebe a carta.
  - → O remetente é a pessoa que envia a carta.
- **Pontos de referência** são elementos da paisagem que auxiliam na localização.
- **Migrantes** são pessoas que saem do lugar onde moram para viver em outro.
  - → Os migrantes levam consigo sua **cultura**: modo de falar, hábitos alimentares, tradições, crenças.

Visão de cima para baixo.

Representando os lugares

- Os lugares podem ser representados de várias maneiras: com um desenho, uma fotografia, uma pintura, uma maquete, um mapa.
  - → **Maquete** é a representação de um lugar em miniatura.
- Objetos e lugares podem ser observados e representados de diferentes **pontos de vista**, como de cima para baixo ou de cima e de lado.

Visão de cima e de lado.

Atividades

1) Observe a ilustração.

a) Pinte as palavras abaixo que identificam elementos que você observa nesse bairro.

mercado	casas	parque	plantação
escola	hospital	árvores	praça
fábrica	farmácia	prédios	posto de saúde
padaria	banco	sítio	*shopping center*

b) Que elementos desse bairro também existem no bairro onde você mora?

_____
_____
_____

2 Observe as fotos e relacione cada descrição a seguir à imagem correspondente.

Vista de bairro em Manaus, no estado do Amazonas, em 2012.

Vista de bairro em Salvador, no estado da Bahia, em 2019.

Vista de bairro em Caçapava, no estado de São Paulo, em 2017.

Vista de bairro em Ribeirão Claro, no estado do Paraná, em 2017.

a) A foto ____ retrata um bairro onde há muitos prédios, lojas e movimento de veículos.

b) A foto ____ é de um bairro onde predominam plantações e as casas estão distantes entre si.

c) A foto ____ retrata um bairro onde existem muitos galpões de indústrias.

d) Na foto ____ vemos um bairro com muitas casas e árvores nas ruas.

3 Faça um desenho para representar como seriam as ruas e os elementos que deveriam existir no bairro onde você gostaria de morar.

4 Escolha dois elementos que você desenhou na atividade anterior e explique por que deveriam existir no seu bairro.

a) Eu gostaria que no meu bairro existisse _____

porque _____.

b) Eu gostaria que no meu bairro existisse _____

porque _____.

5) As fotografias abaixo retratam o mesmo bairro em dois momentos diferentes. Observe e compare.

Vista de bairros das praias José Menino e Gonzaga, em Santos, no estado de São Paulo, em 1958.

Vista de bairros das praias José Menino e Gonzaga, em Santos, no estado de São Paulo, em 2015.

a) Complete o quadro com os elementos que podem ser observados nos bairros em cada fotografia.

Bairros em 1958	Bairros em 2015

b) O que mudou na paisagem desses bairros entre 1958 e 2015?

c) O que permaneceu?

6 Leia o texto e realize as atividades.

O bairro onde eu moro se chama Mariana e tem pouco movimento nas ruas. Nele há muitas casas e poucos prédios. Há também um parque, onde eu costumo brincar com meus irmãos.

No bairro está também a escola onde eu estudo, que é bem grande.

O único estabelecimento comercial do bairro é uma padaria.

a) Complete a ficha abaixo sobre o bairro descrito no texto.

- Nome do bairro: _____
- Movimento de pessoas e de veículos:
  ☐ grande.   ☐ médio.   ☐ pequeno.
- Tipo de moradia predominante: _____
- Estabelecimento de comércio: _____
- Outros locais: _____

b) Sublinhe no texto a frase que trata de uma atividade de convívio no bairro.

- Em que local essa atividade ocorre?

_____

7 Leia o diálogo entre um menino chamado Mundinho e seu avô.

De repente o menino sentiu um toque em seu ombro. Era seu avô.

– Olá, meu rapaz, o pessoal em casa está preocupado com você.

– Vão construir um prédio no lugar do nosso campo, vô.

– É, Mundinho. As coisas vão mudando... Sabia que aqui havia uma grande casa, muito bonita, de um médico muito famoso do meu tempo? Como era mesmo o nome dele?...[...]

Murilo Cisalpino. *Tudo está sempre mudando.*
Belo Horizonte: Formato Editorial, 1998. p. 12-13.

- Complete o esquema para explicar as duas transformações que ocorreram no bairro de Mundinho.

8. Observe a ilustração e responda às perguntas.

a) O que está ao lado do banco? _____

b) O que há ao lado da escola? _____

c) A casa azul está entre quais construções? _____

d) O que há na frente da padaria? _____

9. Observe a imagem e faça as atividades.

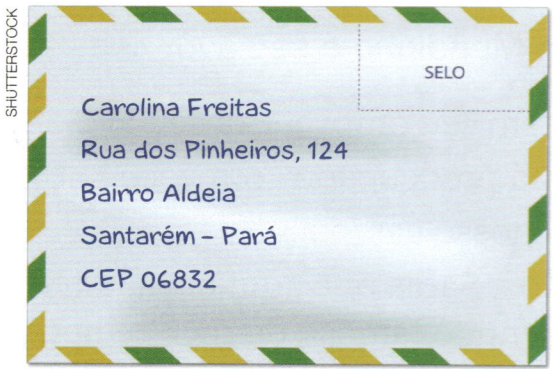

a) Nessa correspondência, Carolina é:

☐ a remetente da carta.

☐ a destinatária da carta.

b) Circule de azul o nome da rua onde Carolina mora e de vermelho o nome da cidade.

c) Complete a frase a seguir: O endereço é importante para _____ casas, escolas, lojas e outros estabelecimentos.

10 Complete com o seu endereço.

Rua: _____, número _____.

Bairro: _____.

Cidade: _____.

Unidade federativa: _____.

CEP: _____

11 Observe a foto e, depois, faça o que se pede.

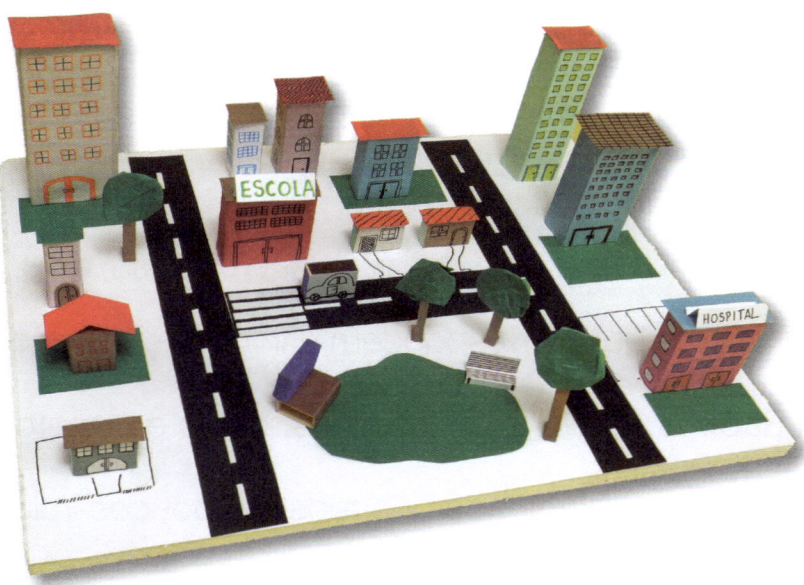

a) Qual é o nome desse tipo de representação?

_____

b) Marque a principal característica desse tipo de representação.

☐ É uma representação feita com símbolos e cores.

☐ É a representação em miniatura de um lugar.

☐ É uma representação artística.

12 Leia o texto sobre a cidade de São Paulo e, depois, faça o que se pede.

Nessa metrópole muitas crianças têm bisavós, avós e até mesmo pais que vieram de outras partes do mundo. Tem gente de Portugal, da Espanha, do Japão, do Líbano, da *África*, da Itália, da Alemanha, da Coreia e de vários outros lugares. [...]

E como todo mundo se encontra na escola, um acaba aprendendo um pouco da cultura do outro. Sem perceber, um brasileirinho brinca de jankenpon, o jogo japonês de fazer papel, tesoura ou pedra com a mão. O neto de espanhóis vai para a aula de capoeira, uma mistura de esporte, luta e dança de origem africana, e o filho de libaneses come a esfirra que a mãe prepara junto com uma deliciosa macarronada italiana.

Metrópole: cidade muito grande.

Ana Busch e Caio Vilela. *Um mundo de crianças.* São Paulo: Panda Books, 2007. p. 62.

a) Marque as frases que correspondem a informações dadas no texto.

☐ Em São Paulo vivem muitos filhos, netos e bisnetos de imigrantes.

☐ São Paulo é uma cidade que recebeu poucos imigrantes.

☐ Os habitantes da cidade de São Paulo vivem isolados e não aprendem os costumes dos outros moradores.

☐ Culturas diferentes se misturam entre os moradores de São Paulo.

b) De acordo com o texto, de quais lugares do mundo vieram os bisavós, avós e pais de muitas crianças que moram na cidade de São Paulo? Sublinhe no texto.

c) Qual é a origem do jogo jankenpon?

☐ africana.   ☐ japonesa.   ☐ brasileira.

13 Encontre no diagrama quatro elementos relacionados à cultura de um povo.

T	H	O	T	L	P	A	M	B	E	T	C	D
R	F	H	P	G	T	A	O	M	U	B	A	T
A	E	G	L	Í	N	G	U	A	V	N	L	R
K	S	D	K	L	C	D	I	O	T	A	I	B
I	T	G	L	M	Ú	S	I	C	A	G	M	N
V	A	J	U	I	Ç	A	U	B	O	H	E	K
I	L	B	A	I	D	F	O	L	O	J	N	W
U	P	S	E	B	O	D	G	I	S	R	T	L
T	O	F	L	O	T	I	J	A	M	Q	O	Z

14 Observe os desenhos e responda às questões.

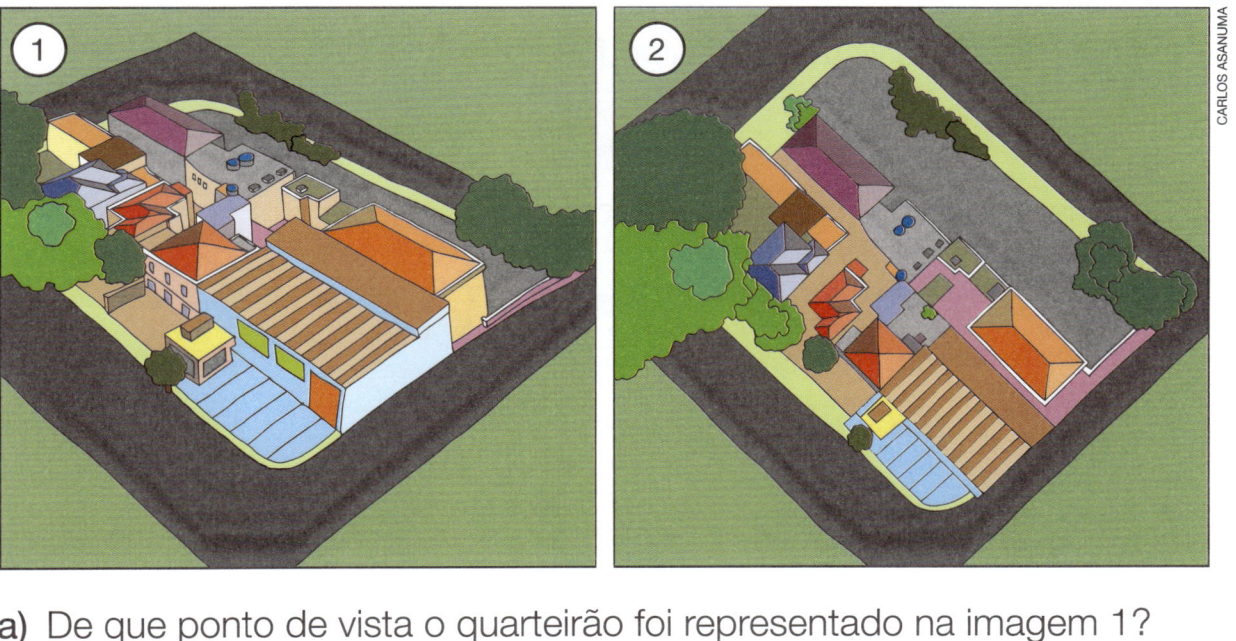

a) De que ponto de vista o quarteirão foi representado na imagem 1?

☐ De cima para baixo.   ☐ De cima e de lado.

b) De que ponto de vista o quarteirão foi representado na imagem 2?

☐ De cima para baixo.   ☐ De cima e de lado.

15 Observe a imagem e faça o que se pede.

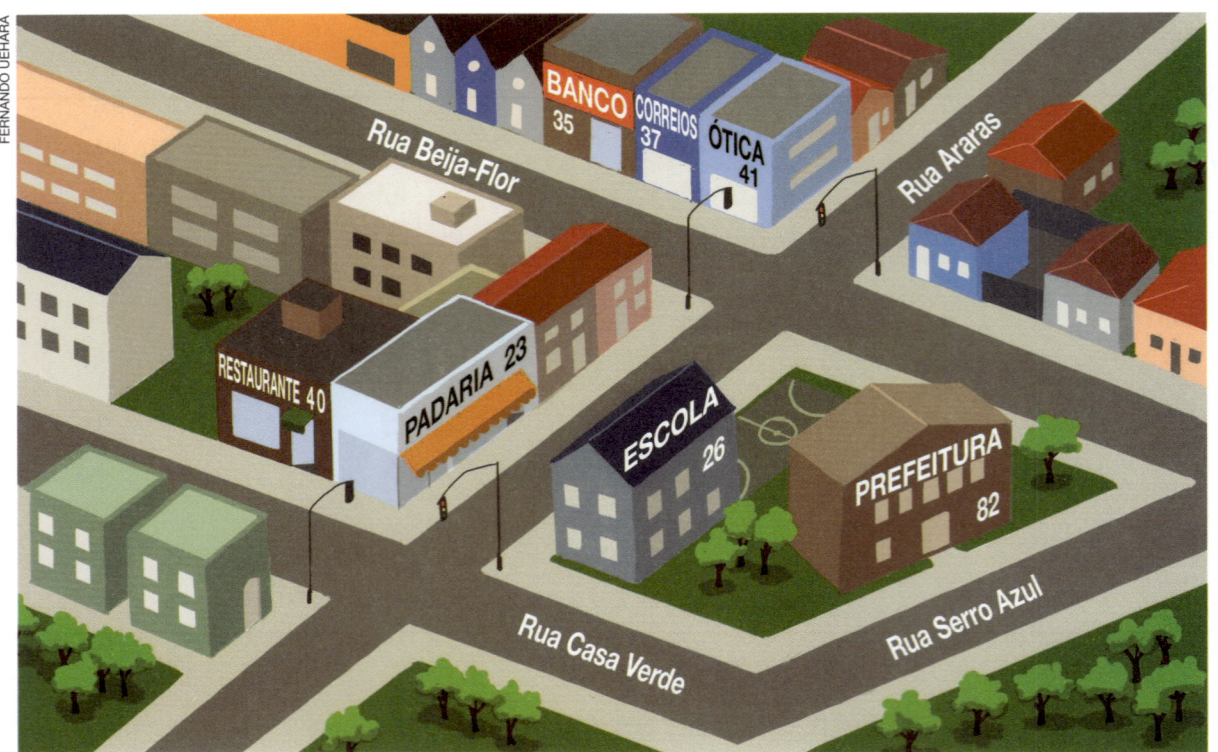

a) De que ponto de vista esse bairro foi representado?

☐ De cima e de lado.　　　☐ De cima para baixo.

b) Complete as frases com os pontos de referência.

- A padaria fica em frente à _____ .
- Os Correios ficam entre o _____ e a _____ .
- Atrás da padaria há um _____ .

c) Complete parte do endereço da prefeitura da cidade.

Prefeitura

Rua _____ , número _____ .

Bairro: Centro.

UNIDADE 2 — O dia a dia no lugar onde você vive

Lembretes

O que você faz ao longo do dia?

- Ao longo do dia fazemos muitas atividades.
  - → Algumas atividades são realizadas todos os dias, como escovar os dentes e tomar banho.
  - → Outras atividades são realizadas de vez em quando, como ir ao médico.
- Um dia é dividido em três períodos: **manhã**, **tarde** e **noite**.
  - → Durante a manhã e a tarde, as crianças devem ir à escola.
  - → Durante a noite, as crianças devem descansar e dormir.

As pessoas trabalham

- No campo, as pessoas trabalham, principalmente, no **cultivo das plantações** e na **criação de animais**.
- Na cidade, elas podem trabalhar nas **fábricas**, nas **lojas** ou em estabelecimentos de **prestação de serviços**.
- Na escola, você convive com diversos profissionais, como porteiros, faxineiros, e professores.
- Para um observador, as posições do lado direito e do lado esquerdo mudam, conforme a pessoa observada esteja de costas ou de frente.

Lucas usa um relógio no braço direito. Quando o menino fica de frente, a posição do lado direito muda para quem o observa.

- O trabalho infantil é proibido no Brasil, mas muitas crianças trabalham para ajudar no sustento da família.
  - → Em vez de trabalhar, as crianças têm o direito de ir à escola e de brincar.

O vai e vem no lugar onde você vive

- Quando a distância é curta, as pessoas podem se deslocar **a pé**.
- Nos trajetos mais longos, elas podem utilizar vários **meios de transporte**.
  → Os meios de transporte **terrestres** circulam por ruas, estradas e ferrovias, como os automóveis, os caminhões e os trens.
  → Os meios de transporte **aquáticos** circulam por rios, lagos, mares e oceanos, como as canoas, os barcos e os navios.
  → Os meios de transporte **aéreos** circulam pelo ar, como os aviões e os helicópteros.
- A fumaça que sai do escapamento dos veículos pode **poluir o ar** e causar dificuldade para respirar, tosse e irritação nos olhos.
  → A bicicleta é um meio de transporte que não polui o ar e pode ser utilizada para a prática de esportes e atividades de lazer.
- O **trânsito** é o movimento de pessoas e veículos nas ruas, avenidas e rodovias.
- No trânsito podemos ser **pedestres**, **condutores** ou **passageiros**.
  → O pedestre é quem circula a pé.
  → O condutor é quem conduz um veículo.
  → O passageiro é quem está sendo transportado em um veículo.
- As **leis** e a **sinalização de trânsito** organizam a circulação de veículos e de pedestres, contribuindo para a segurança de todos.
  → As leis de trânsito são regras que estabelecem o que é permitido e o que não é permitido no trânsito.
  → A sinalização de trânsito orienta condutores e pedestres.
  → **Placas**, **semáforos** e **faixas de pedestres** são exemplos de sinalização de trânsito.

Placas de sinalização de trânsito e faixa de pedestres na cidade de São Paulo (SP), em 2019.

Atividades

1 Pinte de verde as atividades identificadas abaixo que você faz todos os dias.

| Ir ao cinema. | Tomar banho. | Almoçar. |

| Ir ao médico. | Consultar o dentista. | Ir à escola. |

| Escovar os dentes. | Ir à biblioteca. |

- Que outras atividades você faz todos os dias?

_____
_____
_____

2 Desenhe uma atividade que você faz de vez em quando. Em seguida, escreva qual é essa atividade.

_____
_____

3 Observe as imagens e e, depois, faça o que se pede.

a) Em qual das imagens é dia?

☐ A.   ☐ B.

b) Em qual das imagens é noite?

☐ A.   ☐ B.

c) Que estabelecimentos estão abertos na cena representada durante o dia?

☐ Mercado.   ☐ Banco.

☐ Escola.   ☐ Delegacia.

d) Que estabelecimento está aberto na cena representada à noite?

☐ Mercado.   ☐ Banco.

☐ Escola.   ☐ Delegacia.

e) Circule nas imagens o elemento que ilumina a rua em cada cena.

4 Em que período do dia você vai à escola?

_____

5 Em que período do dia você costuma dormir?

_____

6 Observe as imagens e responda às perguntas.

Agricultor em horta de alface no município de Jundiaí, estado de São Paulo, em 2019.

Operária em fábrica de tecidos, na cidade da província de Jiangsu, na China, em 2016.

a) Qual é o tipo de trabalho retratado na imagem A? E na imagem B?

_____

_____

b) Em quais espaços esses trabalhos geralmente são desenvolvidos?

_____

_____

7 Cite três profissionais com os quais você convive na escola.

_____

_____

8 Na sala de aula, escreva o nome de um objeto que esteja:

a) em cima de sua mesa de estudo: _____

b) embaixo de sua mesa de estudo: _____

c) atrás de você: _____

d) à sua frente: _____

e) à sua direita: _____

f) à sua esquerda: _____

9 Observe a sala de aula da figura e, depois, faça o que se pede. Lembre-se: você é o observador; leve em conta a posição de frente ou de costas das pessoas da sala.

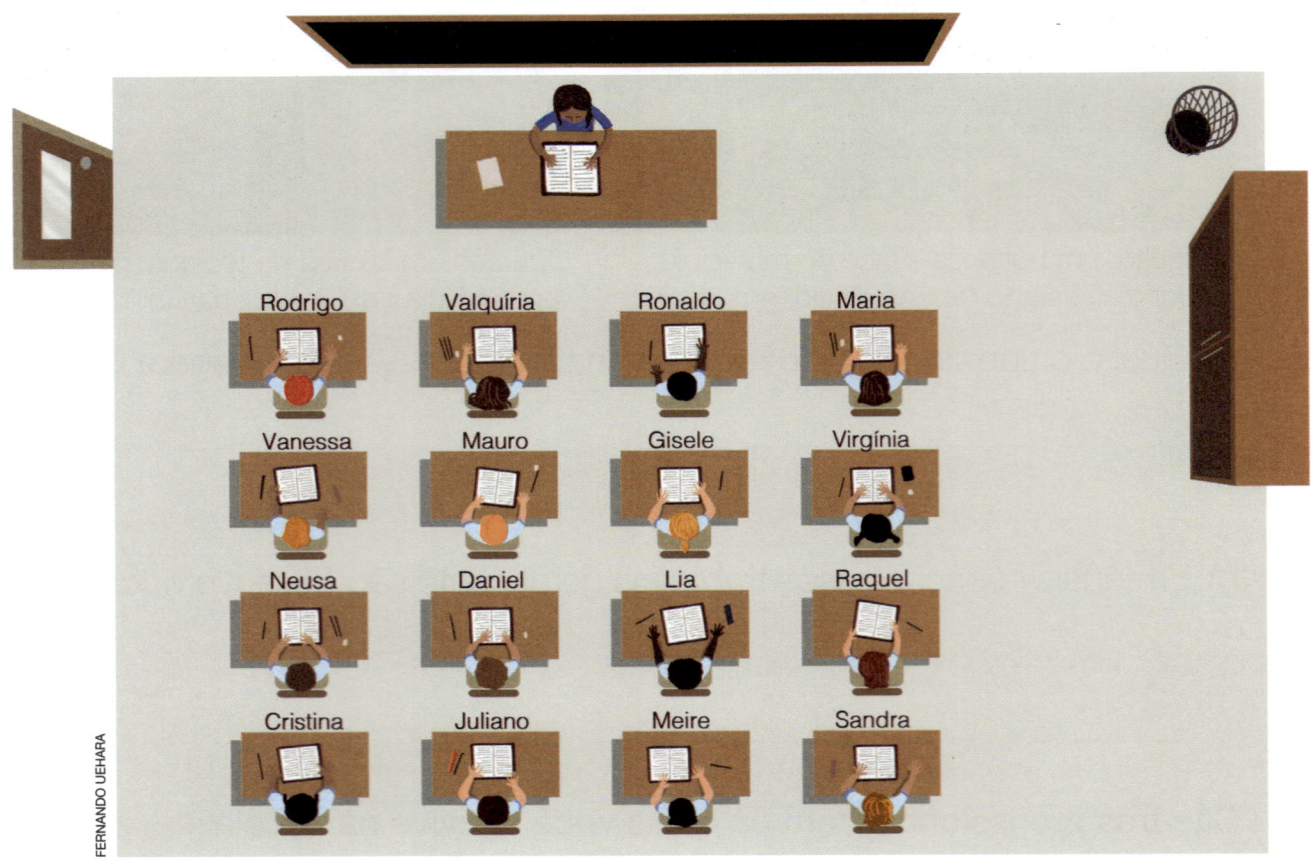

a) Circule a carteira onde Gisele está sentada.

b) Quem se senta na frente de Gisele? E atrás?
_____

c) Quem se senta à direita de Gisele? E à esquerda?
_____

d) A lixeira está à direita ou à esquerda da professora?
_____

e) A porta da sala de aula está à direita ou à esquerda da professora?
_____

10 Complete as frases com as palavras do quadro a seguir.

> aéreos   ferrovias   oceanos   terrestres
> aquáticos   ar   mercadorias

a) Os meios de transporte levam pessoas e _____ de um lugar a outro.

b) Automóveis, ônibus e trens são meios de transporte _____.

Eles circulam por ruas, estradas e _____.

c) Navios, canoas e barcos são meios de transporte _____.

Eles circulam por rios, lagos, mares e _____.

d) Aviões e helicópteros são meios de transporte _____.

Eles circulam pelo _____.

11 Observe o esquema abaixo e depois responda às questões.

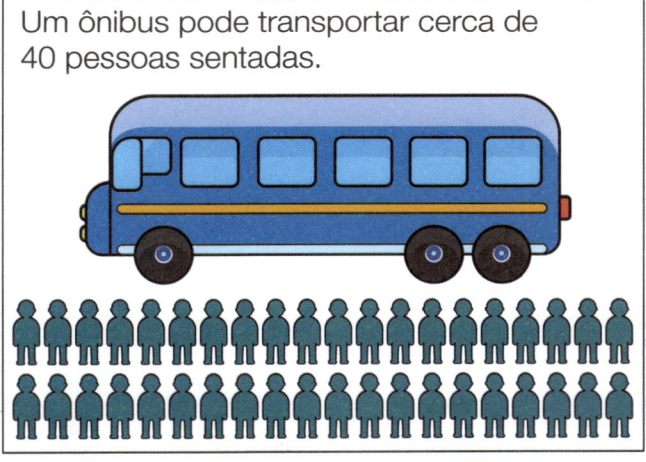

Um ônibus pode transportar cerca de 40 pessoas sentadas.

Um carro pode transportar 4 pessoas sentadas.

a) De acordo com o esquema, qual é o meio de transporte que carrega o maior número de passageiros?

_____

b) Quantos ônibus são necessários para transportar 40 passageiros?

_____

c) Quantos automóveis são necessários para transportar 40 passageiros?

_____

d) Qual situação representada no esquema contribui mais para a poluição do ar?

_____

_____

12 Descubra as palavras que se referem às definições.

a) Movimento de pessoas e de veículos nas ruas e avenidas.

☐☐☐☐☐☐☐☐

b) Pessoa que circula a pé.

☐☐☐☐☐☐☐☐

c) Pessoa que conduz um veículo.

☐☐☐☐☐☐☐☐

13 Ligue as placas de trânsito ao seu significado.

| Faixa de pedestres | Tráfego de bicicletas | Semáforo à frente |

| Velocidade máxima permitida | Área escolar | Proibido estacionar |

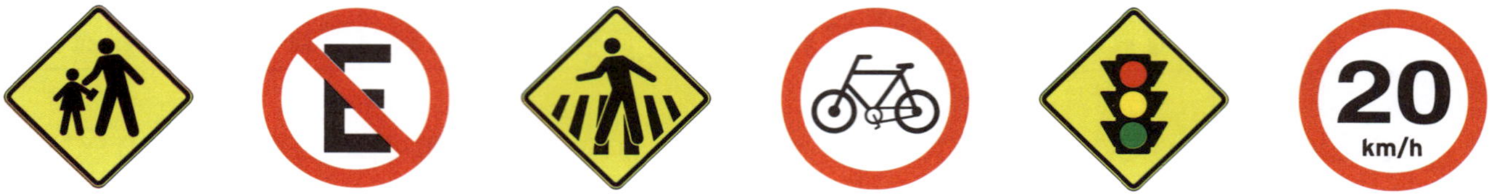

14 Pinte o semáforo e escreva o significado das cores.

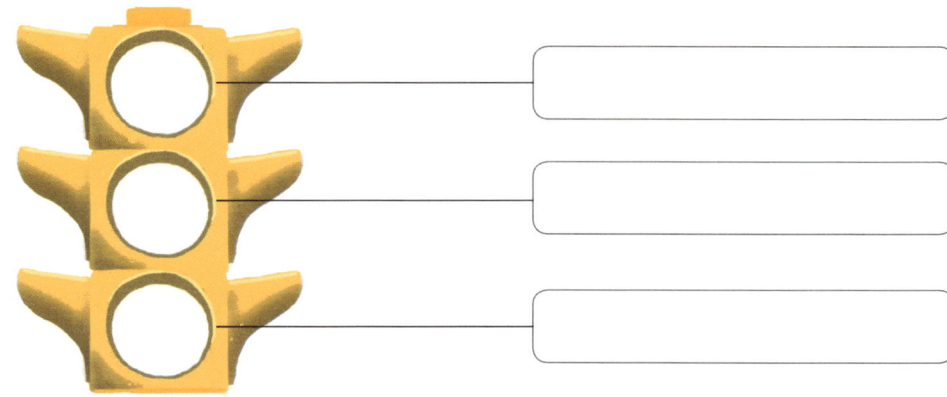

15 Observe a imagem e responda às perguntas a seguir.

Pessoas utilizando a faixa de pedestres na cidade de São Paulo (SP), em 2015.

a) Qual é a sinalização de trânsito mostrada na imagem?

_____

b) O que essa sinalização de trânsito indica?

_____

c) Diante dessa sinalização de trânsito, como os pedestres e os condutores devem agir?

_____

_____

16 Marque com **X** as atitudes adequadas.

☐ O pedestre deve observar o semáforo e atravessar na faixa de pedestres.

☐ Todos os ocupantes dos veículos devem usar sempre o cinto de segurança.

☐ O pedestre deve olhar para os dois lados da rua antes de atravessá-la.

☐ Os passageiros podem colocar os braços e a cabeça para fora do veículo.

☐ O condutor pode utilizar o telefone celular enquanto dirige.

☐ O pedestre deve andar sempre na calçada.

☐ O condutor deve respeitar o limite de velocidade.

☐ As crianças podem ser transportadas no banco dianteiro.

☐ i) O condutor deve sempre respeitar as placas de trânsito e a sinalização dos semáforos.

- Reescreva as atitudes que você não assinalou explicando a ação correta a ser praticada.

_____
_____
_____
_____
_____

Unidade 3 — Você se comunica

Lembretes

Diferentes maneiras de se comunicar

- Podemos nos **comunicar** de diferentes maneiras.
- A fala, os símbolos, as cores, a arte e os sinais são algumas **formas de comunicação**.
- A **fala** é uma forma de comunicação que se inicia na infância.
- Os **símbolos** e as **cores** também são utilizados para comunicar ideias e mensagens.
  → As placas podem utilizar símbolos para comunicar.
  → As lixeiras de cores diferentes indicam o tipo de material que deve ser descartado nelas.
- A **arte** é uma forma de expressão e de comunicação.
  → O teatro, a música e a pintura são linguagens utilizadas pelas pessoas para comunicar ideias, mensagens ou sensações.
- Pessoas com deficiência auditiva podem se comunicar por meio da **Língua Brasileira de Sinais (Libras)**.
  → Em Libras, as letras e as palavras são representadas por meio de sinais, que são gestos com significados.
- Pessoas com deficiência visual podem se comunicar utilizando um recurso tátil chamado **Sistema Braille**.

Os meios de comunicação

- Para nos comunicar com pessoas que estão distantes, podemos utilizar um **meio de comunicação**, como o telefone e a carta.
- Os meios de comunicação podem ser **individuais** ou **coletivos**.
  → Os meios de comunicação individuais são utilizados para as pessoas se comunicarem entre si.
  → Os meios de comunicação coletivos são utilizados para transmitir informações para muitas pessoas ao mesmo tempo.

- No passado, os livros eram caros e escritos à mão.
- A invenção da imprensa possibilitou imprimir várias cópias dos livros, contribuindo para a difusão da informação escrita.
- Atualmente existem imprensas computadorizadas para produzir jornais, livros e revistas.

Comunicação e tecnologia

- As novas **tecnologias** e **equipamentos** têm tornado mais rápida a comunicação entre locais distantes.
  - → A utilização de **satélites artificiais** possibilitou a transmissão de imagens e de sons, praticamente de maneira instantânea.
  - → O rádio e a televisão são alguns meios de comunicação que usam satélites artificiais. Eles transmitem fatos que ocorrem em locais distantes, no momento em que acontecem.
- A **internet** é a rede que interliga computadores do mundo todo.
  - → A internet possibilita enviar e receber mensagens por correio eletrônico (*e-mail*), acessar *sites* e redes sociais.
- As crianças devem ter alguns **cuidados** para acessarem a internet com segurança:
  - → Navegar em *sites* apropriados para a idade.
  - → Não conversar com desconhecidos nem utilizar a câmera sem a autorização dos responsáveis.
  - → Não publicar fotos nem divulgar compromissos na internet.
  - → Não divulgar o próprio nome, endereço nem telefone para alguém que conheceu na internet.

Banca de jornais e revistas na cidade de São Paulo (SP), em 2019.

Atividades

1 Complete as frases com as palavras do quadro a seguir.

> gestos   comunicação   fala   escrita

a) A fala, a escrita e os gestos são algumas formas de _____.

b) Quando conversamos com alguém, nós nos comunicamos por meio da _____.

c) Quando escrevemos uma carta, nós nos comunicamos por meio da _____.

d) O agente de trânsito orienta motoristas e pedestres por meio de _____.

2 Leia a tirinha e responda às perguntas.

a) De que maneira Mônica e Marina se comunicam entre si?

_____

_____

b) Marina está pintando. Que forma de comunicação ela está utilizando?

☐ Símbolos.   ☐ Cores.   ☐ Arte.   ☐ Sinais.

c) Como deveria se intitular a pintura de Marina? Por que ela não vai receber esse nome?

_____

_____

3 Algumas placas não apresentam palavras e comunicam informações por meio de símbolos. Ligue os símbolos das placas a seus respectivos significados.

Aeroporto

Posto de gasolina

Hotel

Oficina mecânica

Restaurante

Telefone público

4 Leia o texto e responda às questões.

Min e as mãozinhas

Min e as mãozinhas é um desenho animado desenvolvido para crianças com deficiência auditiva. Ele foi produzido totalmente na Língua Brasileira de Sinais (Libras). Nesse desenho, Min e seus amigos ensinam sinais de Libras. Os episódios desses desenhos estão disponíveis em: <http://mod.lk/hpkxi>. Acesso em: 14 maio 2019.

a) Qual é o público-alvo do desenho animado *Min e as mãozinhas*?
___
___

b) Como esse desenho animado foi produzido?
___
___

c) O que as personagens desse desenho ensinam?
___
___

d) Você estudou que as pessoas com deficiência auditiva se comunicam por meio da língua de sinais. Como as pessoas com deficiência visual podem ler e escrever?
___
___
___
___

5 Escreva o nome dos meios de comunicação representados nas figuras a seguir.

_____   _____   _____

6 Assinale **V** para verdadeiro e **F** para falso.

☐ Para falar com as pessoas, podemos usar os meios de comunicação individuais.

☐ Jornal, rádio e televisão são exemplos de meios de comunicação individuais.

☐ O correio eletrônico (*e-mail*) pode ser utilizado para enviar e receber mensagens instantaneamente.

☐ Os meios de comunicação coletivos são usados para transmitir informações para muitas pessoas ao mesmo tempo.

☐ A carta e o telefone são exemplos de meios de comunicação coletivos.

- Reescreva as frases falsas, tornando-as verdadeiras.

_____
_____
_____
_____

7 Encontre cinco meios de comunicação no diagrama e, depois, faça o que se pede.

C	E	Y	T	C	M	O	L	E	V	E	P
A	O	R	T	E	U	N	B	O	E	H	A
R	O	V	C	I	E	U	V	A	R	M	H
T	E	L	E	F	O	N	E	I	Á	V	I
A	R	J	O	R	N	A	L	M	D	U	L
I	G	A	T	I	L	N	T	A	I	R	Z
M	O	P	R	E	A	S	V	N	O	K	J
P	O	C	O	M	F	E	A	P	C	A	Q
H	P	E	L	F	A	I	M	U	O	B	A
T	E	L	E	V	I	S	Ã	O	N	X	Z

a) Agora classifique os meios de comunicação do diagrama em individuais ou coletivos. Preencha o quadro a seguir.

Meios de comunicação individuais	Meios de comunicação coletivos

b) Qual é o meio de comunicação individual que você mais utiliza no seu dia a dia?

_____

_____

c) Qual é o meio de comunicação coletivo que você mais utiliza no seu dia a dia?

_____

_____

8 Sobre a produção de livros, assinale a resposta correta para cada pergunta a seguir.

a) Há mais de mil anos, como eram produzidos os livros?

☐ Eles eram escritos e copiados à mão.

☐ Eles eram escritos à mão e impressos.

b) Nessa época, como eram os livros e a vida das pessoas?

☐ Os livros eram baratos, mas poucas pessoas sabiam ler.

☐ Os livros eram caros e poucas pessoas sabiam ler.

c) Como a invenção da imprensa transformou a produção de livros?

☐ A imprensa permitiu produzir mais livros com menor custo.

☐ A imprensa permitiu produzir mais livros, mas eles ainda eram caros.

9 Complete as frases a seguir com as palavras do quadro abaixo.

| antena de recepção | televisão | antena de transmissão | satélite artificial |

a) Em uma transmissão por satélite, os sinais são enviados por uma _____.

b) Os sinais são captados e reenviados por um _____.

c) Os sinais são recebidos por uma _____.

d) A _____ transmite os fatos que ocorrem em locais distantes, instantaneamente, em tempo real.

10. Observe as imagens e responda às perguntas.

Jogo entre França e Croácia, disputado durante a Copa do Mundo de Futebol de 2018, realizada na Rússia.

Em Helsinki, na Finlândia, pessoas assistem ao jogo entre França e Croácia, disputado durante a Copa do Mundo de Futebol de 2018, realizada na Rússia.

a) De acordo com a imagem A, onde aconteceu esse jogo?

_____

• Que seleções de futebol estavam jogando?

_____

b) Na imagem B, onde as pessoas estavam assistindo ao jogo?

_____

• Que meio de comunicação aparece na imagem B?

_____

c) Como foi possível transmitir o jogo a um local muito distante, no mesmo momento em que ele acontecia?

_____
_____
_____

11) Leia o texto e responda às perguntas.

A internet mudou a forma de se comunicar

Até pouco tempo atrás, para se comunicar com alguém que estava distante, era preciso escrever uma carta ou fazer uma ligação telefônica. Porém, as cartas podiam demorar muito para chegar ao seu destino e as ligações de longa distância tinham custos elevados.

Com a invenção da internet houve uma grande mudança na forma de as pessoas se comunicarem. Com ela, a comunicação se tornou mais rápida e passou a ser possível ver as pessoas e falar com elas em outra parte do mundo.

a) De acordo com o texto, como as pessoas se comunicavam entre si antes da invenção da internet?

b) Quais eram as desvantagens desses meios de comunicação?

c) Como a internet mudou a forma de as pessoas se comunicarem?

12 Sobre a internet, assinale a frase incorreta.

☐ A internet é a rede que interliga computadores do mundo todo.

☐ Na internet é possível acompanhar notícias, fazer pesquisas e baixar arquivos.

☐ Na internet é possível apenas acessar as redes sociais e conversar por meio de mensagens de texto.

☐ Com a internet, é possível enviar e receber mensagens instantaneamente, por meio do correio eletrônico (*e-mail*) e de redes sociais.

☐ Na internet é possível vender e comprar produtos.

- Agora reescreva a frase incorreta, corrigindo-a.

_____

_____

_____

13 Marque os cuidados que você deve ter ao utilizar a internet.

☐ Não divulgar nome, endereço nem telefone para ninguém que conheceu na internet.

☐ Nunca conversar com desconhecidos.

☐ Usar a câmera somente com a autorização dos familiares.

☐ Publicar com critério fotos e fatos da sua vida nas redes sociais.

☐ Não divulgar os próprios compromissos na internet.

☐ Navegar em qualquer *site* e acessar os conteúdos que julgar importantes.

Unidade 4 — Em cada lugar, um modo de viver

Lembretes

Diferentes lugares, diferentes modos de vida

- Na Terra existem lugares com características muito diferentes.
- A **região polar ártica** é um dos locais mais frios da Terra.
  - Por causa do frio, a superfície da região polar ártica fica coberta de gelo a maior parte do ano.
  - Na região polar ártica vive o povo inuíte.
  - As principais atividades dos inuítes são a mineração, a caça e a pesca.
  - Durante muito tempo, os inuítes moravam em iglus, casas feitas de blocos de gelo. Hoje em dia, eles vivem em casas de madeira.

Os inuítes habitam a região polar ártica, uma das mais frias do planeta Terra. Vila Kulusuk, na Groenlândia, em 2017.

- No norte da África, localiza-se o **Saara**, o maior deserto do mundo.
  - No Saara quase não chove e praticamente não existem plantas.
  - No deserto do Saara, os dias são bastante quentes e as noites, muito frias.
  - No Saara vive o povo tuaregue, que é nômade.
  - As principais atividades dos tuaregues são a criação de camelos e de cabras e o comércio de sal.
  - Os tuaregues vivem em tendas feitas de couro.

- A **floresta amazônica** é uma extensa área de floresta localizada no norte do Brasil e em alguns países vizinhos.
  - A floresta amazônica localiza-se em uma região quente e chuvosa.
  - A Amazônia é formada por grande variedade de plantas.
  - Diversos povos indígenas habitam a floresta amazônica, como os Kayapó.
  - As principais atividades dos Kayapó são o cultivo de alimentos, a caça e a pesca.
  - Os Kayapó vivem, em geral, em moradias feitas de madeira, folhagem e palha.

O modo de vida das pessoas e a natureza

- As pessoas transformam a natureza de acordo com suas necessidades, seus interesses e seu modo de vida.
- As pessoas transformam a natureza por meio do seu **trabalho**.
- O modo de vida no campo é diferente do modo de vida na cidade.
- As principais atividades no campo são a agricultura, a pecuária e o extrativismo.
  - A **agricultura** é a atividade de cultivar a terra.
  - A **pecuária** é a atividade de criar e reproduzir animais.
  - O **extrativismo** é a atividade de extração ou coleta de recursos naturais.

No extrativismo, as pessoas coletam os elementos que se desenvolvem naturalmente no ambiente. Na foto, coleta de castanha-do-pará, na Reserva de Desenvolvimento Sustentável do Rio Iratapuru, em Laranjal do Jari, Amapá. Foto de 2017.

- As principais atividades de trabalho na cidade são a indústria, o comércio e a prestação de serviços.
    - A **indústria** é a atividade de transformar a matéria-prima em outros produtos.
    - O **comércio** é a atividade de compra e venda de mercadorias.
    - A **prestação de serviços** é a atividade em que uma pessoa realiza um serviço para outra pessoa ou empresa em troca de pagamento.

Atividades humanas e problemas ambientais

- Ao transformar a natureza, as atividades humanas podem causar **problemas ambientais**.
- A agricultura, a pecuária e o extrativismo podem prejudicar o ambiente, se praticados de forma inadequada.
    - O **desmatamento** pode provocar o desaparecimento de espécies vegetais e animais e a destruição do solo.
    - A extração mineral pode causar o desmatamento e a destruição do solo.
    - Os produtos químicos utilizados nas plantações podem poluir o solo e os rios.

O desmatamento é uma das atividades humanas que mais causam impactos ambientais no mundo. Na foto, desmatamento de vegetação da floresta amazônica, em Canarana, Mato Grosso, em 2018.

- A concentração de pessoas, de veículos, de indústrias e de estabelecimentos comerciais pode causar **poluição** nas cidades.
    - As indústrias e os veículos podem lançar substâncias poluentes no ar.
    - O esgoto das residências, das indústrias e dos estabelecimentos comerciais, se despejado sem tratamento nos rios, contamina a água.
    - O lixo produzido pela população das cidades pode contaminar o solo e os rios.

Atividades

1 Relacione cada foto às frases correspondentes.

Tuaregues no deserto do Saara, na Argélia, em 2017.

Aldeia Kayapó na floresta amazônica, no município de São Félix do Xingu, estado do Pará, em 2016.

Iglu construído em Nunavut, no Canadá, em 2017.

☐ Região quente, onde chove muito e há grande diversidade de plantas.

☐ Região onde vivem os inuítes.

☐ Região onde vivem os indígenas Kayapó.

☐ Região onde vivem os tuaregues.

☐ Região muito fria, coberta de gelo a maior parte do ano.

☐ Região muito seca, onde faz muito calor durante o dia e frio à noite.

2 Leia o texto sobre o povo indígena Wajãpi e, depois, faça o que se pede.

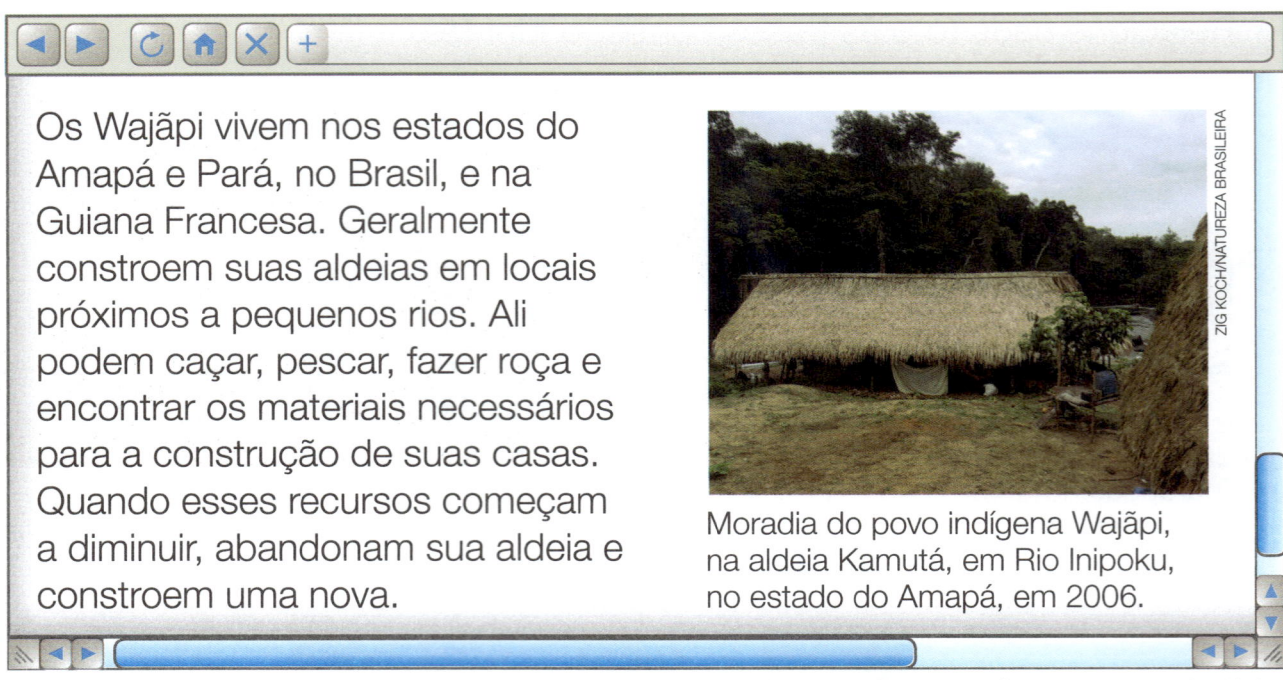

Os Wajãpi vivem nos estados do Amapá e Pará, no Brasil, e na Guiana Francesa. Geralmente constroem suas aldeias em locais próximos a pequenos rios. Ali podem caçar, pescar, fazer roça e encontrar os materiais necessários para a construção de suas casas. Quando esses recursos começam a diminuir, abandonam sua aldeia e constroem uma nova.

Moradia do povo indígena Wajãpi, na aldeia Kamutá, em Rio Inipoku, no estado do Amapá, em 2006.

Instituto Socioambiental. *Povos Indígenas do Brasil Mirim*. Disponível em: <http://mod.lk/klsjc>. Acesso em: 2 fev. 2019.

a) Sublinhe no texto onde vivem os indígenas Wajãpi.

b) Descreva a moradia Wajãpi retratada na foto.

_____

_____

c) Que aspectos do modo de vida do povo Wajãpi foram tratados no texto?

☐ Os locais onde vivem. ☐ Principais atividades praticadas.

☐ O que fazem no tempo livre. ☐ Onde costumam construir suas aldeias.

d) Em sua opinião, por que os indígenas Wajãpi constroem suas moradias perto de pequenos rios?

_____

_____

3 Observe as fotos e, depois, responda às perguntas.

Vista da lagoa Rodrigo de Freitas, na cidade do Rio de Janeiro, em 1957.

Vista da lagoa Rodrigo de Freitas, na cidade do Rio de Janeiro, em 2017.

a) As fotos retratam:

☐ o mesmo lugar em épocas diferentes.

☐ lugares diferentes na mesma época.

b) Como a natureza foi transformada nesse lugar?

_____

_____

c) Você conhece um lugar em que a natureza sofreu transformações?

- Qual é esse lugar?

_____

- Quais elementos surgiram nele?

_____

_____

- Algum elemento permaneceu? Qual?

_____

4 Complete a cruzadinha com o nome de importantes atividades desenvolvidas no campo e na cidade.

a) Atividade de cultivar a terra.
b) Atividade de extração ou coleta de recursos naturais.
c) Atividade de transformação de matéria-prima em produtos.
d) Atividade de criação e reprodução de animais.
e) Atividade de compra e venda de mercadorias.

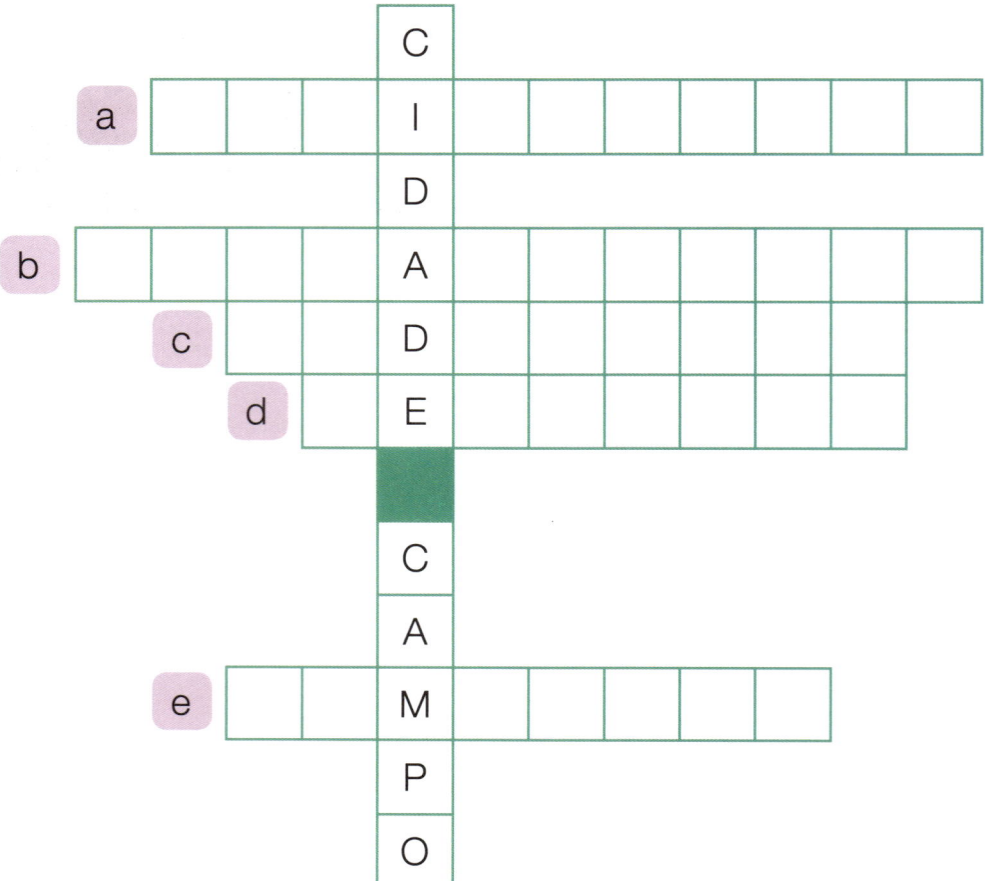

5 Pinte as palavras de acordo com a legenda.

🟩 Atividades de trabalho mais comuns no campo.
🟧 Atividades de trabalho mais comuns na cidade.

- Comércio
- Agricultura
- Pecuária
- Extrativismo
- Indústria
- Prestação de serviços

6 Ligue cada atividade aos exemplos de produtos que podem ser obtidos de cada uma delas.

Agricultura

Pecuária

Extrativismo

7 Marque a frase que explica corretamente qual é a principal diferença entre a agricultura e o extrativismo vegetal.

☐ Na agricultura as pessoas plantam o que querem colher e no extrativismo vegetal as pessoas coletam frutos, folhas, raízes e a madeira das plantas que se desenvolvem naturalmente.

☐ No extrativismo vegetal, o solo é fertilizado e arado; na agricultura, as colheitas são realizadas por uma máquina, a colheitadeira.

8 Ligue as colunas para relacionar cada matéria-prima ao produto industrializado.

   Indústria têxtil

   Indústria alimentícia

   Indústria de sucos

9 Pinte o quadrinho correspondente a cada profissional de acordo com a legenda.

🟦 Profissional do comércio. 🟧 Prestador de serviço.

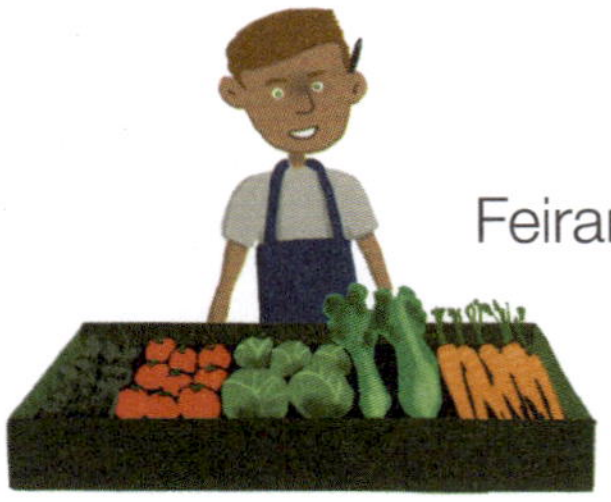

☐
Feirante.

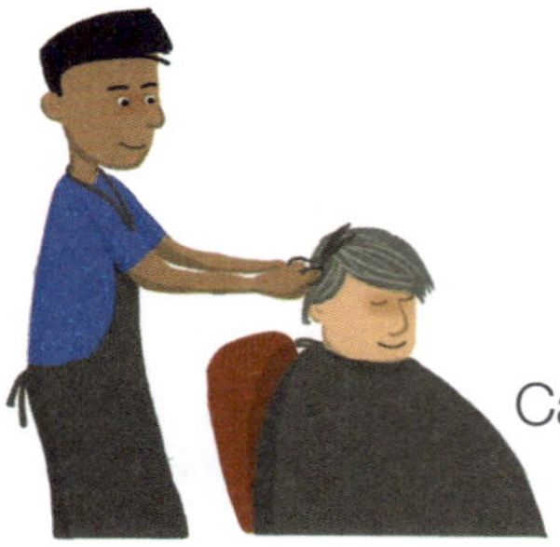

☐
Cabelereiro.

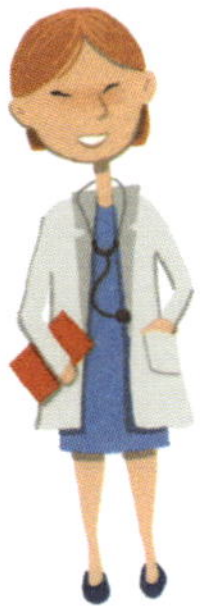

☐
Médica.

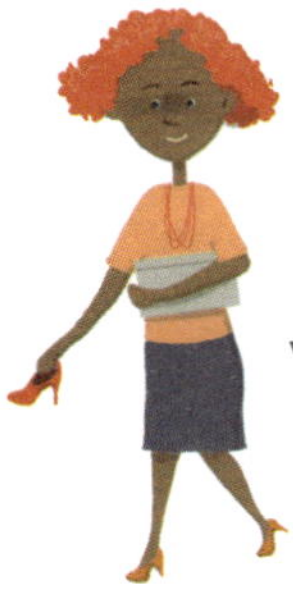

☐
Vendedora.

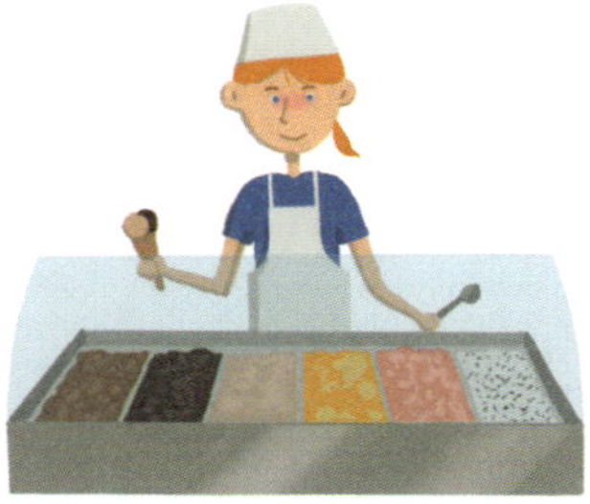

☐
Sorveteira.

☐

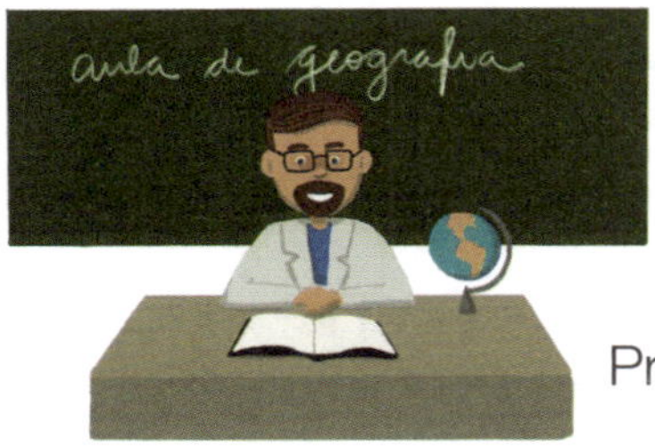

Professor.

ILUSTRAÇÕES: FERNANDO UEHARA

10 Sobre o bairro onde você mora:

a) cite dois estabelecimentos comerciais que existem nele.

____

____

b) cite dois estabelecimentos de prestação de serviços.

____

____

11. Observe a foto e responda às perguntas.

Solo no município de Manoel Viana, estado do Rio Grande do Sul, em 2017.

a) O que a foto retrata?

☐ Solo fértil e preparado para a plantação.

☐ Solo destruído pelo escoamento da água da chuva.

☐ Solo desmatado e fertilizado pela água da chuva.

b) Qual é a principal causa do problema ambiental retratado na foto?

_____

12. Decifre os símbolos e descubra a resposta da pergunta:

- O que, em muitos casos, o extrativismo mineral provoca?

A DE●T■U◆ÇÃ✖ DO ●✖L✖ E A P✖LU◆ÇÃ✖ D✖● ■◆✖●.

■ = R   ◆ = I   ● = S   ✖ = O

_____
_____

13. Cite algumas atitudes que contribuem para a redução da poluição no campo e na cidade.

_____
_____
_____